Bibliographic information published by the German National Library:

The German National Library lists this publication in the National Bibliography; detailed bibliographic data are available on the Internet at http://dnb.dnb.de .

Imprint:

Print and binding: Books on Demand GmbH, Norderstedt Germany
ISBN: 9783668350861

This book at GRIN:

http://www.grin.com/es/e-book/345160/variacion-anual-e-interanual-de-los-estados-de-madurez-sexual-de-la-merluza

Jürgen Betzhold Formigli

Variación anual e interanual de los estados de madurez sexual de la merluza común (Merluccius gayi Guichenot, 1848), frente a la zona centro-sur de Chile

GRIN Publishing

Seminario de titulo
Para optar al grado de Biólogo Marino

DEPARTAMENTO DE OCEANOGRAFÍA
UNIVERSIDAD DE CONCEPCIÓN

Variación anual e interanual de los estados de madurez sexual de la merluza común (*Merluccius gayi* Guichenot, 1848), frente a la zona centro-sur de Chile

por

Jürgen Andreas Betzhold Formigli

CONCEPCIÓN, CHILE
2008

En honor a la Familia…

TABLA DE CONTENIDOS

RESUMEN 4
INTRODUCCIÓN 7
HIPÓTESIS 12
OBJETIVOS 12
MATERIALES Y METODOS 13
1. Área y periodo de estudio 13
2. Fuentes de información 13
3. Análisis de la información 16
RESULTADOS 18
1. Distribución espacial y capturas por año 18
2. Variabilidad interanual del largo y peso total de merluza común 23
3. Variabilidad interanual de los Estados de Madurez Sexual (EMS) 25
4. Relación de tiempo y espacio según diagramas Hovmoller 29
5. Variabilidad del ciclo anual de los Estados de Madurez Sexual (EMS) 33
6. Variabilidad interanual de la temperatura superficial de mar en la región El Niño 3.4 34
7. Correlación entre EMS y Región de Niño 3.4 35
7.1. Anomalías EMS I / Anomalías Niño 3.4 (Fig.23) 37
7.2. Anomalías EMS II / Anomalías Niño 3.4 (Fig.24) 37
7.3. Anomalías EMS III/ Anomalías Niño 3.4 (Fig.25) 38
7.4. Anomalías EMS IV / Anomalías Niño 3.4 (Fig.26) 38
7.5. Anomalías EMS IIIa / Anomalías Niño 3.4 (Fig.27) 39
7.6. Anomalías EMS V/ Anomalías Niño 3.4 (Fig.28) 39
DISCUSIÓN 40
CONCLUSIONES 43
BIBLIOGRAFIA 44

RESUMEN

Se realizó un análisis de series de tiempo de nueve años de capturas de merluza común (*Merluccius gayi* Guichenot, 1848), correspondiente al monitoreo de la flota de arrastre en la zona centro-sur de Chile, ubicada entre los 33° y los 42° S, desde enero de 1999 hasta diciembre de 2007, con el propósito de determinar si la variabilidad anual e interanual de los estados de madurez sexual en este recurso demersal, se encuentran afectados en forma significativa por las fluctuaciones del Agua Ecuatorial Subsuperficial (AESS), asociadas a eventos ENOS, para lo cual se utilizó información promedio mensual de la temperatura superficial del mar (TSM) para el período 1999 - 2007 en la región El Niño 3.4 ubicada entre 5° N y 5° S y entre los 170° W y los 120° W.

El análisis distribucional y la variabilidad latitudinal de las capturas de merluza común reveló principalmente, una concentración de las zonas de pesca en la región norte del área de distribución, entre los 33° y 37°S durante el período 1999 -2002, con máximos de capturas en los 36° S, intensificándose durante el período estival y concentrándose en el período otoño-invierno (abril – julio), evidenciando una disminución significativa en las capturas en agosto y octubre debido a la verificación de vedas reproductivas. Sin embargo, a partir del año 2003 existió un cambio importante en la distribución y capturas del recurso, evidenciándose un desplazamiento hacia el sur (37° - 38° S), con mayor ejemplares muestreados entre febrero y agosto (>10.000 hembras). Posteriormente, el recurso se desplaza hacia el sur alcanzando los 42°, concentrando su biomasa en los 38° Sur y evidenciando un máximo muestreal de 6.237 hembras para mayo de 2005, en los meses de febrero a junio, encontrándose este mismo año disgregada entre las latitudes 38° y 42° S, presentando parches de abundancia que se extienden hasta fines de 2007.

El análisis de las series de tiempo de los EMS de merluza común en el período 1999-2007, evidencia el predominio del EMS II con una frecuencia superior al 50%, lo que es particularmente válido a partir del año 2001 manteniéndose constante hasta fines del año 2007. La distribución temporal de los EMS parece no estar relacionada con la marcada disminución de las tallas y pesos medios experimentada por la población a partir del año 2003.

Al realizar un análisis de la señal anual, se observa que el predominio de éste estado se asocia sólo en los meses de verano y otoño (febrero a junio), con una marcada disminución entre los meses de agosto y noviembre, lo cual corresponde a una variabilidad propia del ciclo anual. Esto se debe a que la proporción de hembras en EMS II entran en época de desove entre los meses de agosto y noviembre, por lo que pasan al estado de maduración (EMS III), hasta que desovan (EMS IV), posterior a este vuelven a una maduración con desove reciente (EMS IIIa) los cuales se van rotando hasta que desoven totalmente. Este ciclo se repite en promedio seis veces en los tres meses que dura la temporada de desove, lo que explica el aumento de la frecuencia de los EMS III, IV y IIIa, en la señal anual e interanual correspondiente a los meses de agosto a octubre. Para fines del 2003 se observa un aumento (>30%) en la frecuencia de estos estados revelando la presencia de una alta proporción de hembras en estado de desove.

Un desove importante que se verificó entre agosto a octubre de 2003, al parecer no ha tenido sólo una explicación biológica sino que también ambiental, debido a su asociación con las fluctuaciones del ambiente ocasionadas por la presencia de un evento de El Niño de menor escala. Las evidencias de esta asociación entre el recurso, el estado de madurez sexual y la componente ambiental, se han verificado en: a) el aumento de la distribución y dispersión de las capturas de merluza común al sur de los 37° S a partir de 2003, b) la entrada de aguas cálidas y desplazamientos de las AESS hacia el sur, que representan el hábitat de merluza común en el área de estudio, c) , el aumento en la frecuencia del EMS II con un máximo en 2003, y d) el incremento de frecuencias de desoves para el 2003, asociado al incremento de los EMS III y IV para ese periodo.

A partir de estas evidencias se analizó la información de TSM, promedios y sus anomalías, provenientes de la región El Niño 3.4, las que al ser graficadas (anomalías), revelaron considerables fluctuaciones interanuales, las que al ser comparadas con los series EMS, mostraron la misma tendencia a la serie interanual correspondiente al estado II, entregándonos anomalias similares para el periodo 1999 – 2007.

Para corroborar el resultado descrito anteriormente, se realizó una correlación cruzada entre las anomalías para cada EMS y se las comparó con las anomalías provenientes de la región El Niño 3.4, revelando que sólo para el EMS II existe una correlación favorable ($R = 0,64$ y $R^2 = 0,42$), que permite establecer una fuerte evidencia en favor de la hipótesis planteada en que la variabilidad anual e interanual de los estados de madurez sexual de merluza común se encuentran afectados en forma significativa por las fluctuaciones de las Aguas Ecuatoriales Subsuperficiales (AESS), asociadas a eventos cálidos El Niño Oscilación del Sur.

Además, se debe considerar que la señal proveniente del Ecuador de la Región El Niño 3.4, se propaga como ondas *Kelvin* y aporta una significativa variabilidad al sistema, que llega a la zona centro sur, pero que sin embargo tiene un desfase de al menos cinco meses.

INTRODUCCIÓN

La merluza común (*Merluccius gayi* Guichenot, 1848) es una especie de hábitos demersales que habita en aguas del Perú hasta el sur de Chile, frente a Chiloé (42ºS). Se distinguen dos subespecies en el océano Pacífico suroriental, *M. gayi peruanus* y *M. gayi gayi*, separadas por la cuenca Chile-Perú de más de 1.000 km de distancia. Se ha postulado que estas dos subespecies se originaron entre 900.000 – 2.000.000 años a partir de una población ancestral se postula que migró inicialmente hacia el Océano Pacífico a través del Itsmo de Panamá, zona que se cerró en el Plioceno, hace tres millones de años (Galleguillos et al.1999, Hernández et al. 2000).

La subespecie *M. gayi gayi* (Figura.1) se distribuye en Chile desde Antofagasta (23º38'S) hasta el canal Cheap (47º08'S), hasta una profundidad que alcanza incluso a los 500 metros y desde la zona costera hasta las 60 millas náuticas desde la costa, constituyendo el principal recurso pesquero demersal de Chile que da origen a una importante unidad de pesquería que se extiende administrativamente desde el límite norte de la Región de Coquimbo hasta los 41º28,6'S en la X Región (Lillo et al. 2005).

Figura 1.- Esquema de *Merluccius gayi* (Guichenot, 1848)

La explotación comercial de la merluza común se inició en Chile a partir del año 1938 (Yáñez *et al.*, 1985) y sus desembarques se incrementaron rápidamente hasta alcanzar niveles de 60 mil toneladas en 1954 a lo cual siguió un período comprendido entre 1955 y 1970 con desembarques que fluctuaron entre 75 mil y las 128 mil toneladas (máximo histórico en el año 1968). Hacia 1976 se observa una declinación en los desembarque a niveles de 30 mil toneladas los que se mantuvieron con poca variación hasta 1986, cuando empieza una recuperación en el nivel de desembarques, alcanzando niveles de 110 mil toneladas, ubicándose a niveles comparables con los observados a fines de la década del '60. A partir de 2004, nuevamente se comenzó ha registrar una etapa de declinación con desembarques en niveles cercanos a las 50 mil toneladas en los años 2005 y 2006 (Figura 2)

La declinación observada a partir de 1971 se atribuye a la conjunción de una serie de factores tales como: la disminución progresiva de los reclutamientos de merluza común, una menor abundancia de sus principales presas como Sardina común (*Strangomera bentincki*) y langostino colorado (*Pleuroncodes monodon*), sumado a una importante disminución en la intensidad de pesca durante el período 1971-1980 (Cubillos y Arancibia, 1992).

Hasta el año 2002 el *stock* de merluza común presentaba un estado adecuado, con una estructura poblacional robusta, pesos medios a la edad estables y una tendencia creciente de los indicadores de abundancia relativa (Payá, 2006). La declinación observada en el tamaño del *stock* durante los años 2004-2006, no ha sido claramente explicada, postulándose como factores relevantes una alta predación de merluza común por parte de la jibia (*Dosidicus gigas*) (Payá 2006), un alto grado de canibalismo de la merluza común (Jurado-Molina et al., 2006) y sobreestimación del tamaño del stock (Arancibia y Neira, 2006), lo que lo llevó a una condición desmejorada, caracterizada por una reducida fracción vulnerable a la pesca, de magnitud similar a la observada en la década del '70 e inicios de los ´80 (Payá 2006), pero con una disminución de las tallas promedios de captura y una estructura demográfica deteriorada (Lillo et al. 2006).

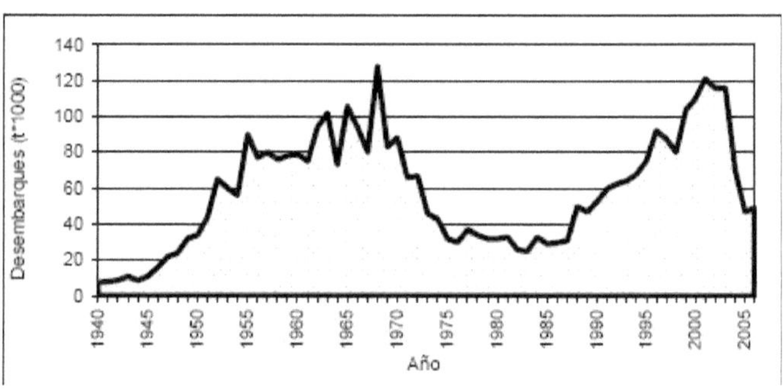

Figura 2.- Desembarque de *M. gayi gayi* entre 1940 y 2006 (SernaPesca, 2000-2006).

A su vez, esta especie exclusiva de las costas de Chile, se encuentra sometida a condiciones oceanográficas propias del Pacifico Sur-oriental, el cual es dominado por el sistema de corrientes de Humboldt (SCH) que corresponde a la bifurcación hacia el norte de la Corriente de Deriva de los Vientos del Oeste, la cual enfrenta al continente alrededor de la latitud 40º Sur (Bernal y Ahumada, 1985). El marco oceanográfico de la región está determinado por la acción combinada de la corriente de Humboldt (Figura

3), que transporta aguas de origen subantártico, el proceso de surgencia costera y la presencia de Aguas Ecuatoriales Subsuperficiales (AESS) de bajo contenido de oxígeno y alta concentración de nutrientes que fluyen subsuperficialmente hacia el sur (Bernal et al. 1983; Silva y Sievers, 1981; Morales et al. 1996).

Este sistema se caracteriza por su alta variabilidad relacionada a los eventos El Niño (Wyrtki, 1975) y la presencia de cambios ambientales de largo plazo asociados a períodos fríos y cálidos, con un fuerte impacto sobre la abundancia de los recursos vivos (Barber y Chávez, 1986; Espino, 2001).

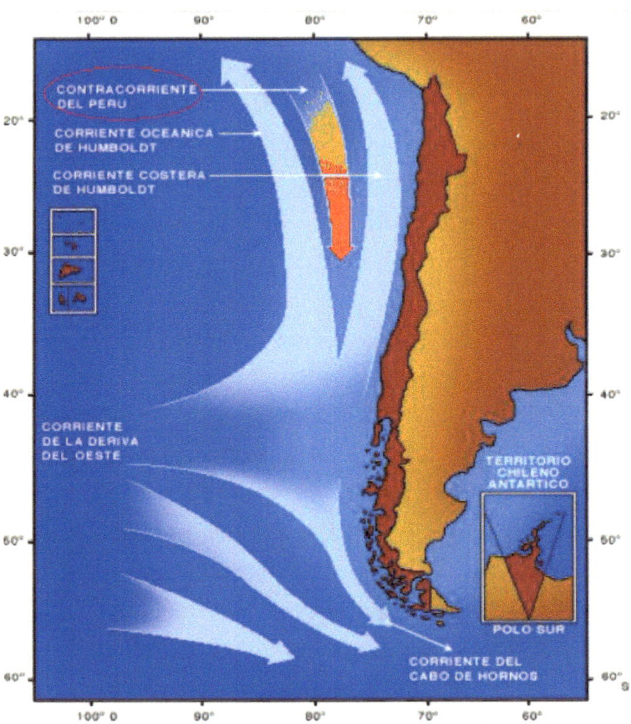

Figura 3. Esquema general del sistema de corrientes superficiales frente a la costa de Chile (Duque et al. 2008).

Dado que la dinámica del *stock M. gayi* está estrechamente ligado a la magnitud e intensidad del reclutamiento, el cual es altamente dependiente de las condiciones oceanográficas imperantes en el año del desove, se esperaría una mayor intensidad del reclutamiento asociándose a ejemplares nacidos en años con condiciones oceanográficas bajo la influencia de eventos cálidos ENSO. Es así como la recuperación de los desembarques experimentada por la pesquería a partir de 1987, respondería a un aumento a partir de 1984 de la biomasa y abundancia del *stock* provocado por reclutamientos exitosos de la clase anual 1982-83, 1990-93 y 1996-97, que habrían permitido aumentar el tamaño de éste a niveles muy superiores a los registrados en los años previos a 1993 (Cubillos y Arancibia, 1992, Payá 1997, Payá, 2003, Payá, 2006). Esta situación también fue observada por Espino y Wosnitza-Mendo (1989) en la merluza peruana (*M. gayi peruanus),* quienes postulan que durante los eventos ENOS el recurso se dispersa aumentando su área de distribución, disminuyendo los efectos de competencia y canibalismo que terminan favoreciendo los reclutamientos posteriores (Lillo et al. 2006).

La merluza común, siendo una especie demersal que se distribuye en la plataforma continental entre los 50 y 500 metros, ha sido relacionada a la corriente subsuperficial de Chile-Perú (Corriente de Günther), que transporta Aguas Ecuatoriales Subsuperficiales (AESS) que se caracterizan por un contenido bajo de oxigeno, indicando que la especie es tolerante a concentraciones de 0,1 a 2,0 ml l-1; variaciones de temperatura entre 6 º C y 12º C y salinidades máximas de 34,8 psu asociadas con el mínimo de oxigeno (Fip, 2005 – 05). Las AESS, fluyen desde el Ecuador hacia el polo, presentando variaciones latitudinales en su distribución horizontal como vertical, además, de fluctuaciones en sus propiedades físico-químicas (oxígeno, salinidad y nutrientes) las que se acentúan en presencia de eventos ENOS.

Considerando que las variaciones en el reclutamiento están influenciadas por las fluctuaciones oceanográficas asociadas a los eventos ENOS, se esperaría que estos tengan directa relación con los cambios reproductivos del *stock*, que se representan por los estados de madurez sexual (EMS) de merluza común en el ciclo anual.

Merluza común se reproduce durante todo el año, con un máximo reproductivo en primavera (septiembre-octubre) y otro secundario a fines de verano -comienzos de otoño- (marzo-abril) (Balbontín & Fischer 1981, Cerna & Oyarzún 1998, Alarcón et al. 2004). Estas marcadas variaciones en sus estados de madurez sexual tienen relación con ciertos periodos del año en que predominan ciertos estados de madurez, los cuales son identificados macroscópicamente y microscópicamente mediante el análisis de las gónadas. En este travbajo se siguió la escala de de madurez propuesta por Balbontín y Fischer (1981) que consta de los siguientes estadíos de madurez sexual (EMS): (I)

Virginal; (II) Inmaduro; (III) En maduración; (IV) Desovante o Hidratado; (IIIa) Maduración con desove reciente; (V) Desovado y en regresión.

Esta variabilidad en los estados de madurez sexual es normal que se intensifique en aquellos meses en que las hembras se aprontan a desovar; sin embargo, las señales de maduración no son iguales año tras año, experimentando notables cambios en su sincronía, lo cual tiene relación directa con la disminución en el reclutamiento y por ende el tamaño anual del *stock*, no sólo del punto de vista de la biomasa, sino que también en las tallas y pesos promedios medidos desde las capturas comerciales, los que evidencian un importante decremento a partir del año 2002.

Lo anterior puede deberse a un sin número de factores, siendo el esfuerzo de pesca una variable importante a considerar. Sin embargo, en el presente trabajo se postula que las variaciones oceanográficas propias de las AESS asociadas a eventos ENOS podrían estar afectando en forma significativa la variabilidad anual e interanual de los estados de madurez sexual de merluza común, a lo largo de la zona centro sur de Chile 33° Sur hasta 41° Sur (Figura 4).

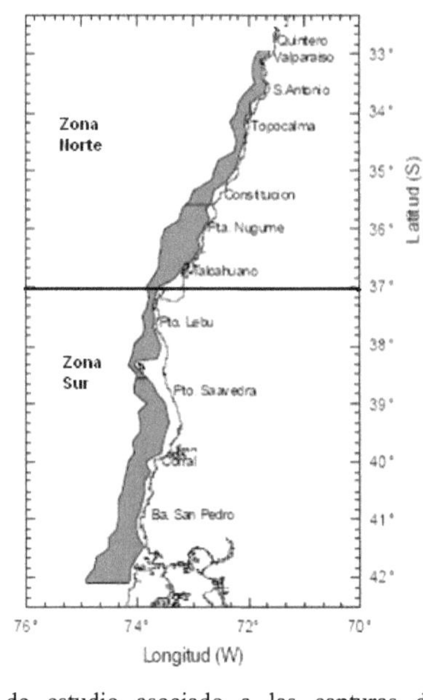

Figura 4.- Zona de estudio asociado a las capturas de merluza común (Modificado de Fip, 2005-05).

HIPÓTESIS

La variabilidad anual e interanual de los estados de madurez sexual de merluza común (*Merluccius gayi gayi*, Guichenot 1848), se encuentran afectados en forma significativa por las fluctuaciones de las Aguas Ecuatoriales Subsuperficiales (AESS), asociadas a eventos cálidos El Niño Oscilación del Sur.

OBJETIVOS

- Determinar la distribución latitudinal anual e interanual de *Merluccius gayi* a lo largo de la zona centro-sur de Chile.

- Determinar las fluctuaciones anuales e interanuales del largo total (LT), peso total (PT) y los estados de madurez sexual (EMS) de merluza común.

- Determinar las fluctuaciones anuales e interanuales de los estados de madurez sexual (EMS) de merluza común.

- Determinar la relación entre la variabilidad espacio-temporal de los estados de madurez sexual y las variaciones ambientales vinculadas con las Aguas Ecuatoriales Subsuperficiales (AESS) asociadas a eventos ENOS.

MATERIALES Y METODOS

1. Área y periodo de estudio

El área de estudio está referida a la zona en que opera la flota industrial de arrastre de merluza común, correspondiente a la zona centro-sur de Chile ubicada entre los 33° y los 42° S, entre la zona costera y los 74,5° W, para el período comprendido entre 1999 y 2007.

2. Fuentes de información

La información analizada en el presente trabajo corresponde principalmente a información biológica y pesquera proveniente del Instituto de Investigación Pesquera a través del sistema de vigilancia de este recurso en el área de la pesquería.

La información utilizada corresponde a muestreos biológicos específicos, consistente en muestras aleatorias por cada lance realizado. El enfoque propuesto para determinar el esfuerzo de muestreo se fundamentó en considerar que la distribución del promedio aritmético poblacional del IGS, asumiendo una distribución de tipo normal y donde la media muestral del IGS y la desviación estándar de la muestra se encuentra dada por:

$$\bar{x} + \frac{t_{\alpha/2} \times s}{\sqrt{n}} > \mu > \bar{x} + \frac{t_{1-\alpha/2} \times s}{\sqrt{n}}$$

donde μ es el promedio aritmético poblacional, $\bar{x}$ es el promedio aritmético de la muestra, t corresponde al valor del límite de confianza de la distribución t-Student, el que a valores muestreales superiores a 100 se puede asumir igual a 1,96; n es el número de muestra, s es la desviación estándar, y α es la probabilidad de error asociado con el límite de confianza (= 0,05).

Al despejar n de la ecuación anterior se obtiene una expresión para el número de estaciones suponiendo que el valor esperado para la media poblacional no difiere de un cierto porcentaje de error (d) de la media aritmética muestral, *i.e.*

$$n = \frac{\left(t_{\alpha/2} \times s\right)^2}{\left(\left|\bar{x} - \mu\right|\right)^2} = \left(\frac{t_{\alpha/2} \times s}{d \times \bar{x}}\right)^2$$

Luego, considerando distintos niveles de error (*d*), se encuentra que con un error entre 10% y 15%, el tamaño de muestra fluctúa entre 135 y 303 ejemplares. Por lo tanto, para la caracterización de la condición reproductiva de merluza común es suficiente un tamaño de muestra de 200 ejemplares hembras, correspondiente a un error esperado de 12,3 % (Figura 5)

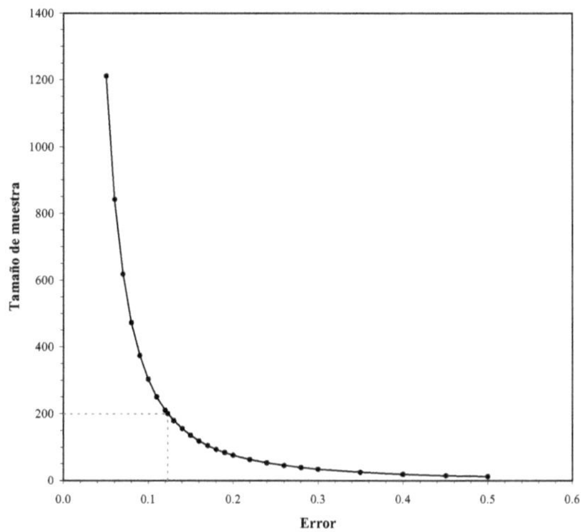

Figura 5.- Curva de tamaño de muestra respecto del error esperado en la estimación del IGS promedio mensual de merluza común (INPESCA, 2006)

A los individuos muestreados se les determinó: a) la longitud total mediante un ictiómetro graduado al centímetro más cercano, b) el peso total (precisión de 1 g), c) el sexo, d) el peso de la gónada y e) la determinación del estado de madurez sexual.

Sólo en el caso de las hembras se obtuvo el peso de las gónadas y mediante examen macroscópico de éstas se determinó el estado de madurez sexual, utilizando la escala presentada en la Tabla 1, cuyas características de diferenciación gonadal de los seis EMS aparecen esquematizadas en la (Figura 6)

Tabla 1. Escala de madurez sexual para merluza común (*Merluccius gayi*) según (Balbontín & Fischer (1981).

Estado		Características
I	Virginal	: Sexo Indeterminado, gónadas pequeñas, filiformes, generalmente juveniles < 24 cm.
II	Inmaduro	: Comienzo de maduración de juveniles y reincidentes, ovario bien definido de color rosado claro, sin óvulos visibles al ojo desnudo. En ejemplares grandes es normal que el ovario en esta fase presente lumen claramente apreciable, pero su pared es más gruesa que en la fase V (indica reposo gonádico)
III	Maduración	: Gónadas de gran volumen con óvulos visibles de color amarillo pálido, pero no translúcido, con escasa vascularización. Por lo general, el lumen desaparece cuando los óvulos alcanzan un diámetro (< 500 micrones). Ovario turgente.
IV	Desovante o hidratado	: Ovario turgente con óvulos visibles y transparentes de color anaranjado. Al apretarlo escurren óvulos transparentes.
IIIa	Maduración con desove reciente	: Ovario muy vascularizado y con óvulos visibles a simple vista, los que en pequeña proporción presentan una gota oleosa (de color verde amarillento), que corresponde a restos de un desove anterior reciente. En este caso la gónada es más flácida que en la fase III.
V	Desovado y en regresión	: Ovario vacío, distendido, lumen amplio, muy flácido, de color rojizo de aspecto hemorrágico sin óvulos visibles. Este ovario pasa al estado II, inmaduro.

Esta información está vinculada a las diferentes las bitácoras de pesca, en las cuales se identifican los siguientes parámetros: embarcación, año, día, latitud, longitud y profundidad de cada lance; lo cual permite realizar la correcta identificación y ubicación de las capturas a lo largo del período de estudio.

Por otra parte, la información ambiental analizada corresponde a datos mensuales promedios de la temperatura superficial del mar (TSM) para el período 1999 -2007 de la Región El Niño 3.4 (Figura 6) ubicada entre 5° N – 5° S y entre los 170° W – 120° W, obtenida desde el sitio de la NOAA (Administración Nacional Oceánica y Atmosférica) www.cpc.ncep.noaa.gov.

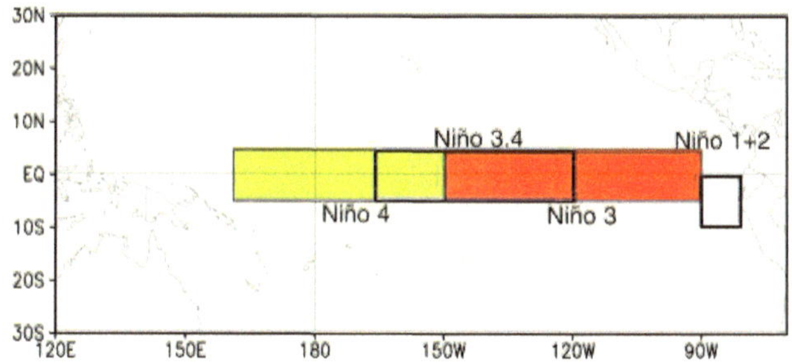

Figura 6.- Esquema que presenta las regiones de El Niño [Niño-1+2 (0°-10°S, 90°W-80°W), Niño-3 (5°N-5°S, 150°W-90°W), **Niño-3.4 (5°N-5°S, 170°W-120°W)**, Niño-4 (150°W-160°E y y 5°N-5°S)], siendo específicamente la región del Niño 3.4 con su componente oceánico de temperaturas superficiales del nivel del mar, y las atmosféricas del hemisferio sur, las que componen el ENOS (www.cpc.ncep.noaa.gov)

3. Análisis de la información

El análisis de los datos consistió en verificar la base de datos contenida en planillas electrónicas de MS Excel. La información se encontraba separada en nueve planillas de muestreo biológico para cada año (1999 - 2007) y una planilla asociada con la bitácora de pesca. De las primeras, se creó una base de datos común, extrayendo la siguiente información para cada año: código de la embarcación, año, mes, día, lance, largo total (LT), peso total (PT), sexo, estado de madurez sexual (EMS) y peso de la gónada (PG). Esta información fue complementada con la planilla de bitácora de pesca para poder establecer la georeferenciación de cada lance, identificar las coordenadas y la profundidad del lance, para finalmente generar una sola matriz con toda la información ya mencionada.

Para la lectura de los datos de esta matriz, se utilizó MS Excel así como Surfer 7 y MATLAB 6. Del total de datos sólo fueron utilizados las hembras en las capturas, para poder identificar su estado de madurez sexual, por lo que los machos se eliminaron de los resultados.

Una vez construida la matriz global, se calcularon los promedios mensuales, se filtraron e interpolaron las brechas menores a tres meses mediante un filtro triangular, en que w es el filtro en función de n elementos, con L el numero total de puntos del filtro, esto es que cada elemento del filtro se construye considerando su posición del vector del filtro, este es:

$$w(n) = \begin{cases} \frac{2n}{L+1}, & 1 \le n \le \frac{L+1}{2} \\ -\frac{2(L-n+1)}{L+1}, & \frac{L+1}{2} < n \le L \end{cases}$$

cuya aplicación en la serie de datos se aprecia en la Figura 7. Posteriormente se calcularon las anomalías para las series X', obteniéndose a partir cada dato mensual X menos el promedio de todos los datos $\overline{X}$, de un total de doce meses en el transcurso de los nueve años de muestreo.

$$X' = X - \overline{X}$$

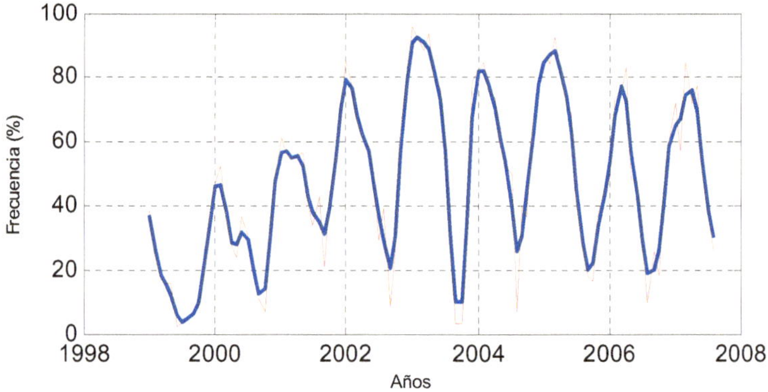

Figura 7.- Ejemplo de serie EMS II filtrada ,en que el color rojo indica la serie con brechas sin filtrar y el azul la serie ya filtrada, para merluza común (1999 – 2007) en la zona centro-sur de Chile.

RESULTADOS

1. Distribución espacial y capturas por año

Los lances de pesca efectuados por la flota industrial de arrastre entre el mes de enero de 1999 hasta diciembre de 2007, se localizaron entre los 33° y los 42° S, a profundidades que fluctuaron entre 120 y 300 metros, (Figura 8). La variabilidad de la profundidad de los cardúmenes de merluza común estuvo influenciada por el ciclo anual, siendo más superficial entre agosto y noviembre, cuando la población está asociada al proceso reproductivo.

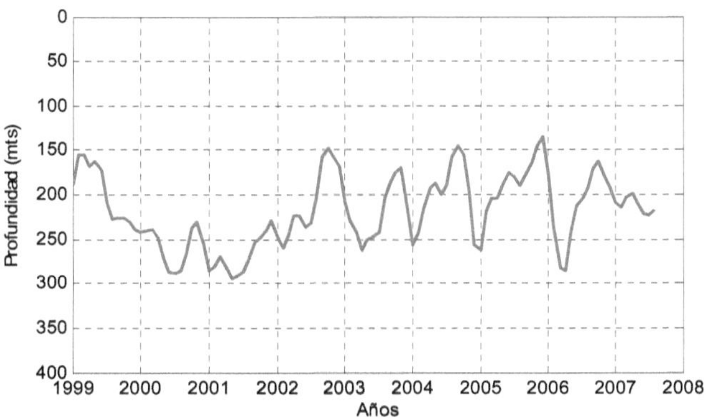

Figura 8.- Profundidad promedio de lances de pesca de merluza común para el período 1999-2007.

El número de ejemplares de merluza común muestreadas mensualmente en cada año se presenta en la Tabla 2, evidenciando un aumento a través de los años, teniendo su máximo en mayo de 2005 con 6.237 individuos. En los años en que no hay capturas producto de la veda biológica del recurso, en los meses de agosto a septiembre, no se realizó muestreo.

Tabla 2.- Distribución del número de muestras mensuales para el período 1999-2007 en el área de estudio.

Meses	Años											
	1999	2000	2001	2002	2003	2004	2005	2006	2007	Total Mensual	Prom. Mensual	Dest.Est. Mensual
Enero	114	1393	0	1877	819	1457	1733	1356	2061	10810	1201	740
Febrero	1771	1121	1884	1414	1654	2836	3513	2266	564	17023	1891	889
Marzo	236	847	1884	1408	1622	4880	6152	2789	1744	**21562**	**2396**	**1929**
Abril	151	1448	308	696	2944	4394	5448	2776	947	19112	2124	1883
Mayo	656	933	1812	729	2053	4265	6237	1659	3384	**21728**	**2414**	**1876**
junio	151	1300	1452	611	1909	3351	743	843	1660	12020	1336	938
Julio	674	1258	1639	1063	2621	5145	661	585	1077	14723	1636	1460
Agosto	0	0	1747	686	1676	2403	134	89	746	7481	831	899
Septiembre	0	413	414	785	816	2506	1341	0	0	6275	697	816
Octubre	830	353	1196	1724	913	2356	1457	1877	2400	13106	1456	700
Noviembre	1069	999	781	1667	1010	1542	1457	1632	1847	12004	1334	373
Diciembre	1158	599	1054	337	881	0	692	1632	0	6353	706	543
Total Anual	6810	10664	14171	12997	18918	**35135**	**29568**	17504	16430	162197	18022	9012
Prom.Anual	568	889	1181	1083	1577	**2928**	**2464**	1459	1369	13516	1502	751
Dest.Est. Anual	559	460	668	513	721	**1546**	**2265**	934	1005	5472	608	552

La distribución latitudinal de las capturas y su variación mensual, a lo largo de los nueve años del análisis mostró una marcada variación interanual (Figura 9), observándose la ausencia de coincidencia entre el mes y zona de pesca, de un año a otro, en conjunto con la dispersión latitudinal del recurso, revelando un cambio importante a partir del 2003 hasta fines del 2007.

A pesar de esto, se intentó buscar y poner énfasis en los meses del desove entre agosto y octubre (Balbontín & Fischer 1981, Cerna & Oyarzún 1998, Alarcón et al. 2004), para establecer la existencia de una relación interanual entre las zonas de pesca y la época de desove, periodo en el cual merluza común presentó una mayor proporción de los estados III – IV – V.

En consistencia con lo anterior, se analizó cada año por separado reportándose los siguientes resultados:

1.- En el año 1999 el número de muestras se concentró entre los 35° - 37° S declinando hasta los 39° S, siendo los meses de febrero, noviembre y diciembre los que presentaron las mayores capturas. Para ese año no hubo muestreo en agosto y septiembre por existir veda biológica. No pudiéndose caracterizar la época de desove.

2.- Para el año 2000 la distribución tendió a concentrarse entre los 35°- 36° S, presentando un valor *n* muestreal de 499 hembras, mucho mayor al año anterior, cuyo valor máximo alcanzó las 221. El mes que dominó la señal fue abril. Los meses de septiembre y octubre, presentaron capturas en los 36° S, encontrándose que en la época de desove el recurso se encontraba entre los 37° - 38° S, en una baja proporción.

3.- Durante 2001 la distribución se mantuvo similar al año anterior, concentrándose entre los 36° - 38° Sur, con un máximo en los 36° S. de 651 hembras. Los meses de agosto a octubre presentaron capturas en los 36° S., caracterizando parcialmente la época de desove ya que sólo se observaron capturas significativas en el mes de agosto.

4.- En el año 2002 la distribución se concentró entre los 35° - 38° Sur, con un máximo muestreal en los 36° S de 474 hembras. De agosto a octubre presentó capturas entre los 36° - 37° S, caracterizando la época de desove.

5.- Para el año 2003 la distribución se dispersó hacia el norte llegando hasta los 33° S, sin embargo, tendió a homogenizarse entre los 35° - 38° S con muestras por sobre las 300 hembras en estas latitudes, con un máximo de 420 asociadas a los 36° S.

6.- En el 2004, la distribución de merluza común mostró un desplazamiento importante hacia latitudes más altas, desplazando el área de capturas entre los 35° hasta los 40° S. mostrando claramente que las capturas y zonas de pesca se desplaza hacia el sur y el máximo muestreal se desplaza hacia los 38° S con 843 hembras. De agosto a octubre las capturas se verificaron entre los 35° - 38° S caracterizando la época de desove.

7.- Durante el año 2005 la distribución continuo expandiéndose entre los 34° - 41° Sur, no obstante, a diferencia con los años anteriores al 2002, se desplazó por debajo de los 37° S presentando el máximo muestreal en los 38° S con 706 hembras. Durante septiembre y octubre las capturas se verificaron entre los 36° y 38° S, caracterizando la época de desove.

8.- Para el 2006 la distribución continuó dispersa entre los 35° - 41° Sur, disgregándose en 3 grupos: 35°-36° S, 38° - 39° S y 40° - 41° S, siendo de estos el grupo de más al norte 35° - 36° S el que presentó el máximo muestreal de 294 y 364 hembras. Sólo el mes de octubre presentó capturas entre los 37° - 41° S, lo que no caracteriza la época de desove.

9.- Finalmente, para el 2007 la distribución estuvo dispersa entre los 35° - 41° S, tendiendo a estar más concentrada en la zona sur, presentado el mayor índice muestreal en los 38° S con 437 hembras. Sólo en el mes deagosto y octubre se presentaron capturas en los 36, 37, 38 y 40º S, lo que caracterizó parcialmente la época de desove.

Esta falta de uniformidad entre las zonas de pesca y los meses de las capturas entre un año y otro, impidió una caracterización de las variaciones del ciclo anual de merluza común, con respecto a su periodo de desove (agosto – octubre), no logrando establecer relaciones de la variabilidad de éste con las fluctuaciones del ambiente.

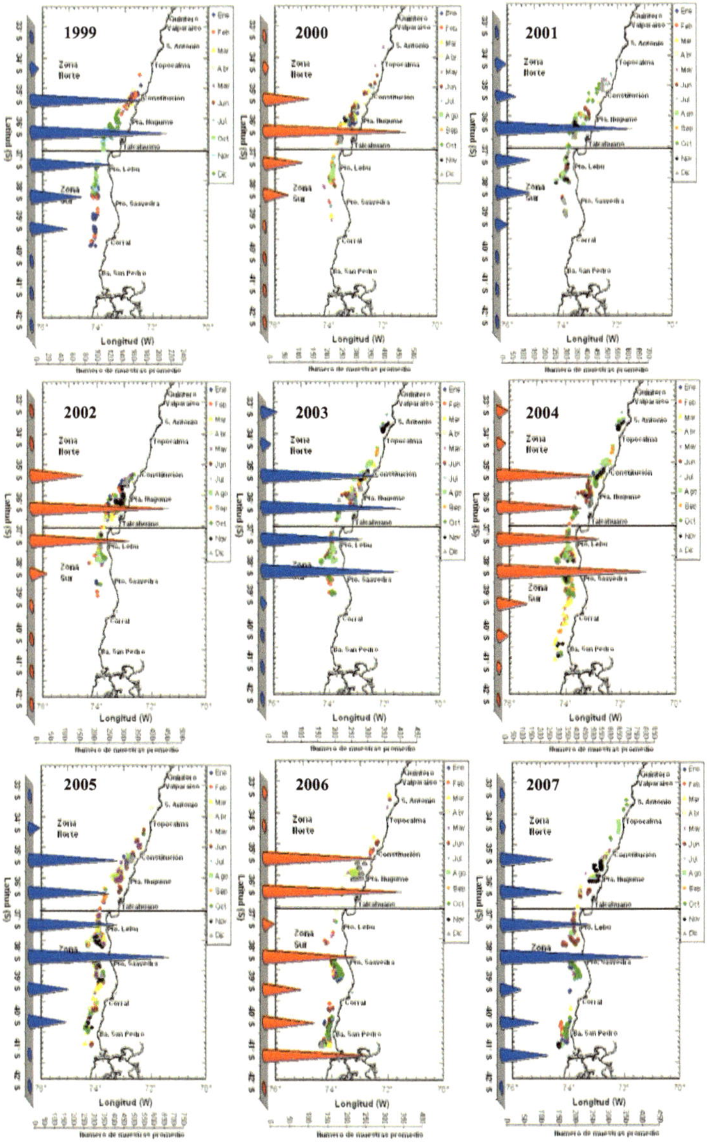

Figura 9.- Distribución mensual de capturas y número de muestras por latitud de Merluza común (1999 – 2007) entre los 33° S – 40° S.

2. Variabilidad interanual del largo y peso total de merluza común

Los resultados provenientes del análisis de las series mensuales del largo total y peso total de merluza común entre 1999-2007 se presentan en las Figuras 10 a la 13, Los resultados reportan una población sana entre 1999 y mediados de 2002, cuyos rangos de tallas se mantuvieron uniformes entre 44 y 50 cm LT. Sin embargo, a partir de enero de 2003, los promedios caen significativamente de 46 cm a 34 cm, llegando a un mínimo de 31 cm en 2005, disminuyendo en 10 cm su talla promedio (Figura 11). A pesar de esto las tallas tendieron a mantenerse constantes en el tiempo a partir de mediados de 2005, donde la tendencia va adquiriendo un repunte manteniéndose constante hasta fines de 2007.

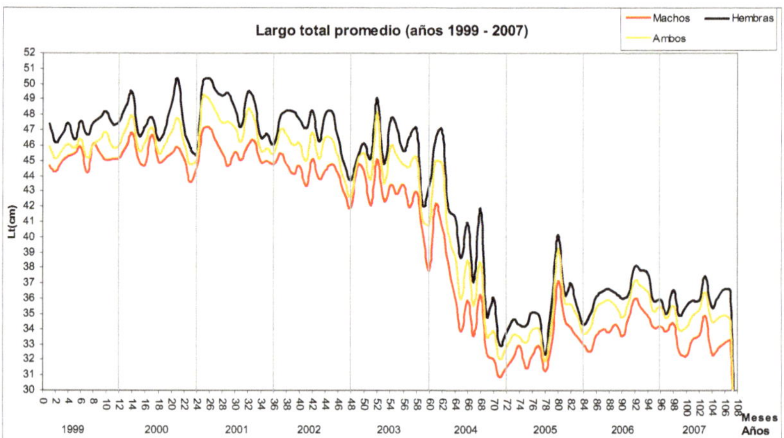

Figura 10.- Largo Total mensual promedio de machos, hembras y ambos, de merluza común (1999 – 2007)

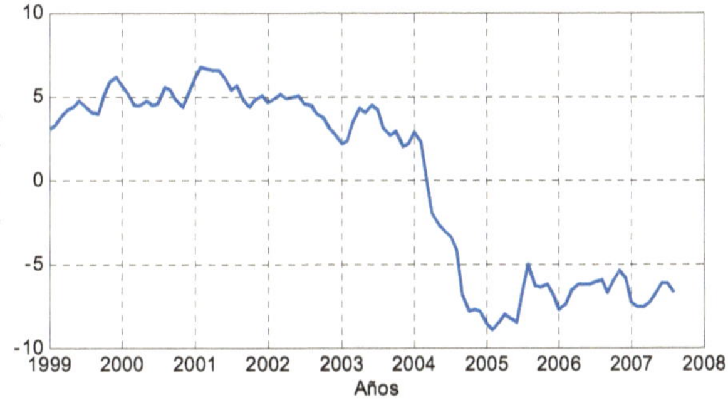

Figura 11.- Anomalías del largo total mensual promedio de hembras de merluza común (1999 – 2007).

Para el caso del peso total promedio de machos, hembras y ambos (Figura 12), para el período 1999-2007 los resultados revelan la misma tendencia que para el parámetro Largo Total, manteniéndose una relación lineal entre ambas variables. Esto nos indica también que los pesos promedios se mantuvieron constantes entre 600 a 1.000 gramos hasta mediados de 2002, decayendo abruptamente entre 2003 y 2005 en promedio 300 gramos.(Figura13).

Esta tendencia se mantiene constante hasta mediados de 2006, en que se normaliza presentando un leve incremento.

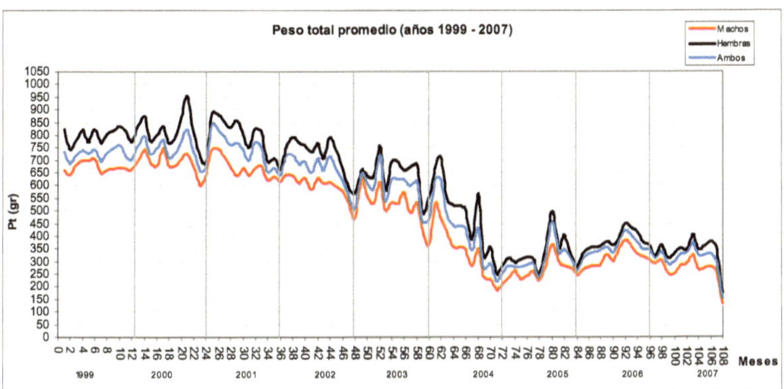

Figura 12.- Peso Total mensual promedio de machos, hembras y ambos, de Merluza común (1999 – 2007).

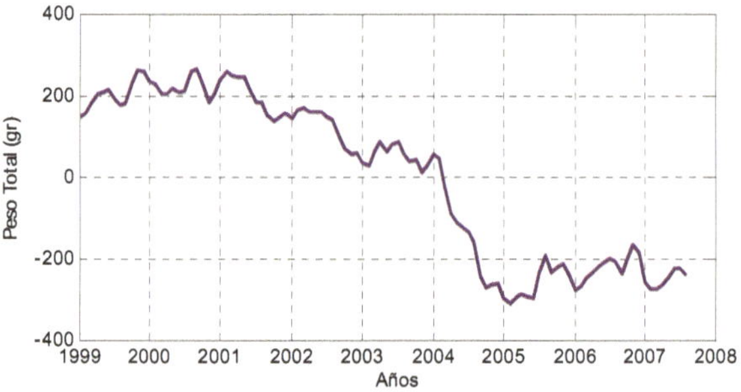

Figura 13.- Anomalías del Peso Total mensual promedio de hembras de Merluza común (1999 – 2007).

3. Variabilidad interanual de los Estados de Madurez Sexual (EMS)

Para los Estados de Madurez Sexual (EMS) cuyos seis estados y características de estos se han presentado en la Tabla 3, se puede apreciar notables diferencias mensuales a lo largo del período 1999 a 2007. Estas diferencias se expresan en relación a la frecuencia porcentual para los seis estados interanualmente (Figura 14), cada estado por separado (Figura 15) y las anomalías de cada uno de estos estados (Figura 16).

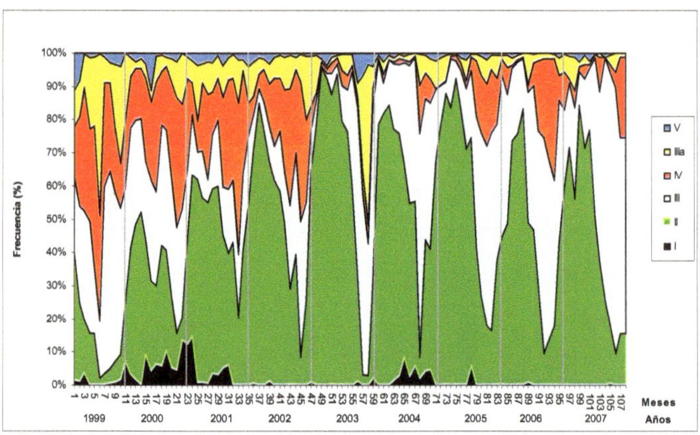

Figura 14.- Frecuencias mensuales de Estados de Madurez Sexual (EMS) en merluza común para el periodo 1999-2007.

La relación de los seis estados en un mismo gráfico muestra cual es la distribución a lo largo del tiempo de las señales para cada estado, para la cual se puede observar que interanualmente el EMS II es aquel que posee la mayor frecuencia a lo largo del tiempo alcanzando un 90% en 2003. Para el análisis de cada estado y su anomalía, los resultados muestran que:

a) El EMS I es aquel que presenta la más baja frecuencia, con valores que no superan el 18% y que sólo se presentan entre 2000 y 2001, apareciendo nuevamente entre el 2004 y 2005, con una frecuencia no mayor al 10%.
b) Estado II es aquel que presentó la señal más marcada e intensa a lo largo de la serie, con frecuencias a partir de 2001 que superaron el 60%. A partir de 1999, este estado presentó una proporción por debajo del 50%, pero aumentó gradualmente hasta llegar a su máximo durante abril de 2003, alcanzando un 93,5%, predominio que se mantuvo hasta 2005 donde comienza a decaer para llegar a su mínimo de 20% a fines de 2007, lo que es concordante con el ciclo anual que presentó la señal.
c) El Estado III y IV indicó una marcada señal común de comportamiento variable a lo largo del tiempo, aunque en su conjunto no superaron el 60% de las frecuencias comparándolos con el EMS II. Ambos EMS presentaron una tendencia inversa en su incremento a lo largo del tiempo, es decir, el EMS III hasta antes de 2003 presentaba valores por debajo del 50%. El EMS IV, aunque en menor frecuencia, tendía al aumento hasta ese año, a su vez para los años posteriores al 2003, los valores se invirtieron, aumentando las frecuencias interanuales del EMS III y diminuyendo las frecuencias del EMS IV.
d) El Estado IIIa, aunque es un estado con una frecuencia que no tiende a superar el 50% de la señal, presento dos marcadas anomalía a mediados de 1999 y fines de 2003 que superan el 40% de frecuencia, sin embargo, la señal interanual mostró una normalidad en láxenla que no tiende a superar el 18%.
e) Finalmente el Estado V, es aquel que menos influencia tuvo a lo largo de la serie, con una distribución normal que no superó el 10% de la señal, a excepción de principios de 1999 y principios de 2000, en que logró alcanzar dicha frecuencia.

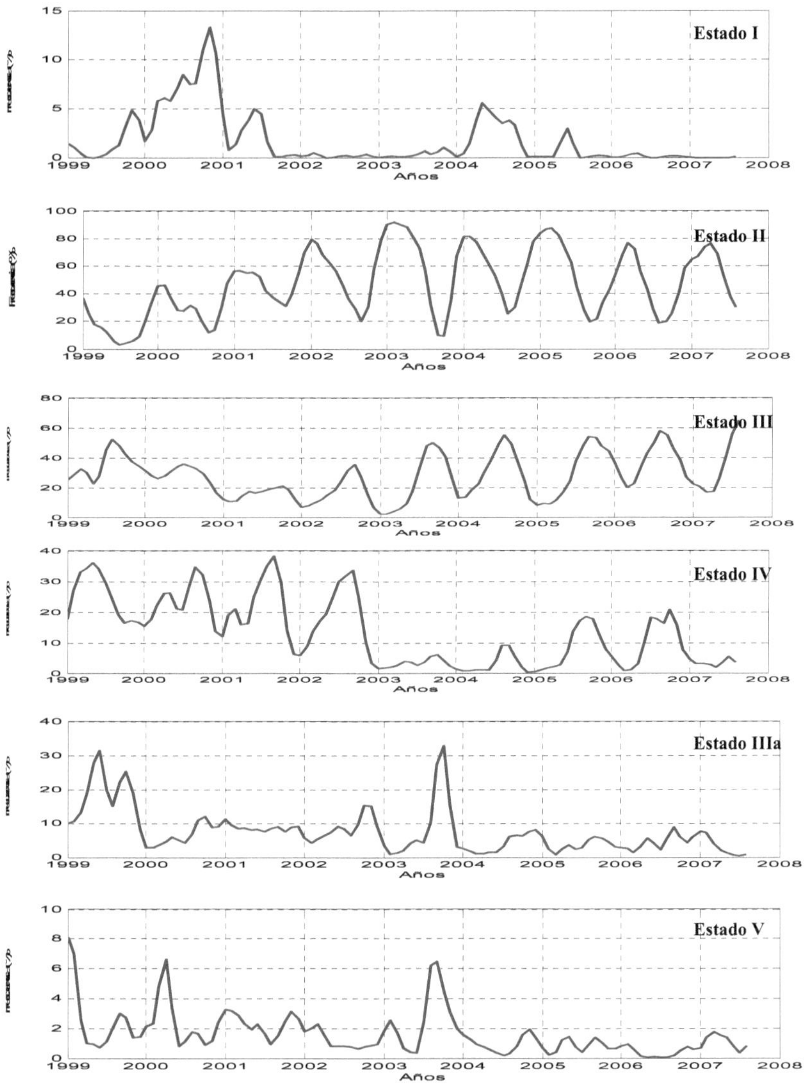

Figura 15.- Variabilidad interanual de los Estados de Madurez Sexual (EMS) I - V, en merluza común (1999 – 2007) entre los 33° – 40° Sur.

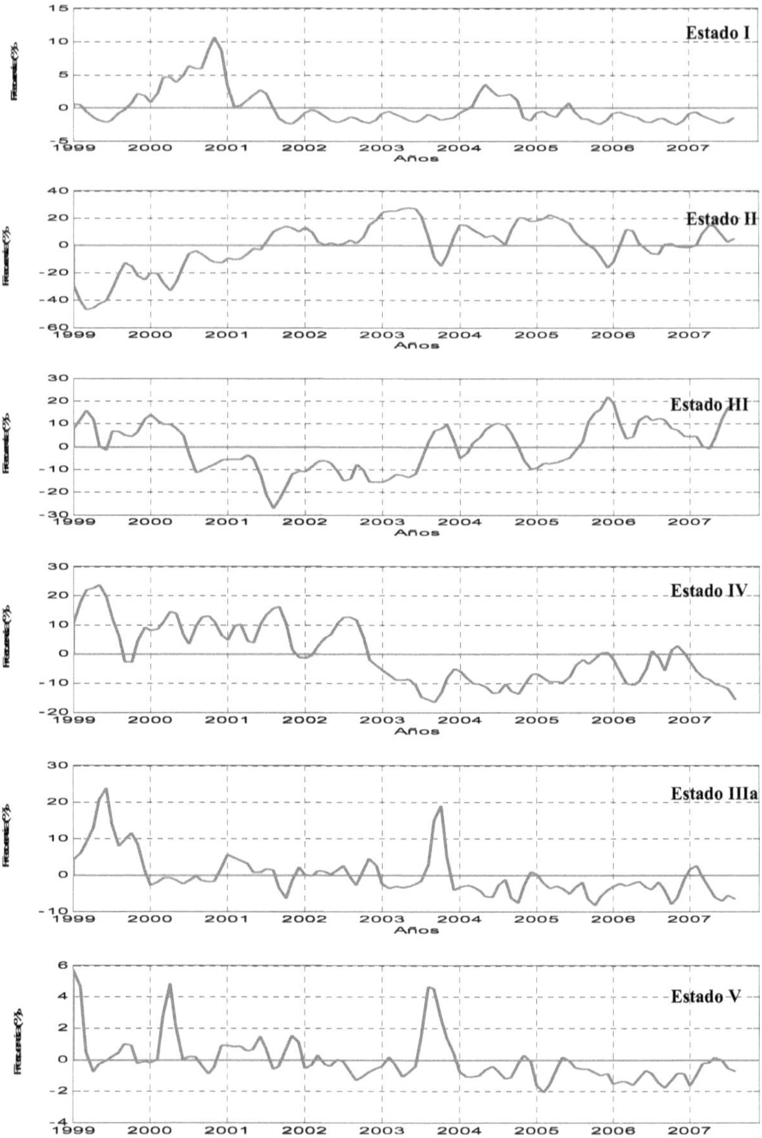

Figura 16.- Anomalías interanuales de los Estados de Madurez Sexual (EMS) I - V, en Merluza común (1999 – 2007) entre los 33° – 40° Sur.

4. Relación de tiempo y espacio según diagramas Hovmoller

Este tipo de diagrama inventado por el meteorólogo Ernest Aabo Hovmöller, permite integrar en un mismo gráfico las variables de tiempo en el (eje Y) y coordenadas (eje X), en función de alguna variable que se desea medir.

Para este caso se utilizó con el fin de analizar la distribución en el tiempo y espacio, del Largo Total (cm), el Peso Total (grs) y los seis Estados de Madurez Sexual en frecuencia (%).

Para el Largo Total, se observa una marcada disminución en la talla de merluza común entre 2004 y 2005 presentando, desde 1999 hasta el 2004, valores promedios superiores a los 43 cm, decayendo desde mediados de 2004 hasta fines de 2007 a valores promedios entre 30 y 40 centímetros. A su vez, se puede ver que no existe una considerable diferencia en el largo total latitudinalmente, sin embargo, se puede entender que las capturas se concentraron entre los 36° – 38° Sur para todos los años. A partir de mediados de 2004 en adelante el muestreo y distribución de capturas se extendió hasta los 40° Sur (Figura 17).

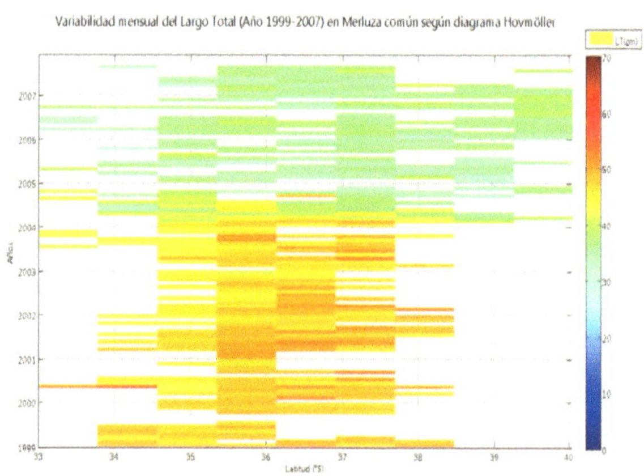

Figura 17.- Diagrama Hovmoller para la variabilidad mensual del Largo Total en Merluza común..

En el caso del Peso Total se observó al igual que el Largo Total, la existencia de una marcada disminución en los pesos promedios entre 2004 y 2005, con pesos superiores a 650 gramos entre 1999 y 2003 entre los 36° y 37° S, donde existió un dominio de estos en esa zona por sobre los 750 gramos, además de indicar para toda la serie que existe un numero de capturas entre los 35° y 38° S. A su vez se muestra que, al igual que en la serie anterior, existió una disminución en los pesos promedios a partir de 2005 hasta 2007, con tallas inferiores a 500 gramos, además de indicar que el muestreo se extendió hacia los 40° Sur (Figura 18).

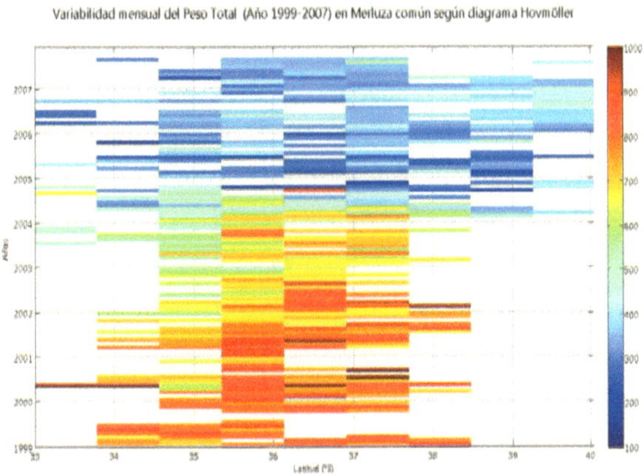

Figura 18.- Diagrama Hovmoller para la variabilidad mensual del Peso Total en merluza común (1999 – 2007) entre los 33° S – 40° S.

La Figura 19 muestra diagramas Hovmöller por separado para cada estadio de madurez sexual de merluza común durante el período 1999-2007. Los resultados revelaron lo siguiente:

1.- Estado I: No mostró una considerable variabilidad a lo largo del tiempo y el espacio (latitudes), revelando una baja frecuencia que a lo largo de la serie no supera el 8%. Sin embargo, existen meses aislados en que se supera el 10%, específicamente a lo largo de 2004- 2005, latitudes 34° - 35° S y el 2001, latitud 36 ° S.

2.- Estado II: Como se expresó ya en el análisis de la variabilidad interanual, para este estado se reportó la mayor representatividad de la población a lo largo del tiempo, verificándose frecuencias promedio por sobre el 50%, y alta heterogeneidad entre un año y otro, así como en su distribución latitudinal, estableciéndose que al igual que para los otros estados, las capturas hasta antes de 2004 se concentraron entre los 35°- 37° S y a partir de 2005 se extienden hasta los 42° S. Además se aprecian núcleos de abundancia en las capturas, por sobre los 900 gramos, para 2003 (36° - 37° S), 2005 (36° - 37° S) y más levemente a mediados del 2007 (36° - 37° S), suceso que concuerda con las series de anomalías que posteriormente se analizaran.

3.- Estado III: Junto con el estado II y IV son aquellos que presentan la mayor frecuencia y variabilidad en la población, sin embargo para este estado el aumento de la frecuencia se incrementó a partir de 2004, entre los 35° - 37° S, extendiéndose durante 2005 hasta los 42° S, por sobre el 40% de hembras.

4.- Estado IV: Como se mencionaba anteriormente tiende a ser inversamente proporcional al estado III, indicando que sobre el 40% hasta antes de 2004 de hembras, dominaba en proporción, disminuyendo a partir de esa fecha por debajo del 20%, presentando el mismo comportamiento en distribución que el estado III.

5.- Estado IIIa: Corresponde al momento en que las hembras desovantes se encontraban en recuperación de un desove reciente, representando una baja frecuencia de la población, por debajo del 20 %, apreciándose a lo largo del diagrama su uniformidad, con pequeños cambios de intensidad, para 1999 – 2000 y 2003 – 2004, respectivamente, lo que indica un aumento de la frecuencia por sobre la media, al igual que los estados anteriores.

6.- Estado V: Al igual que el estado I, es el menos representativo la población, manteniendo una baja frecuencia a lo largo del tiempo y espacio, y cuyo estado fue difícil de diferenciar del estado I (Inmaduro), debido a que la presencia de gónadas en regresión, es muy similar a la inmadures, por lo que dificulto su certera identificación. Mantiene la misma tendencia distribucional que los estados anteriores.

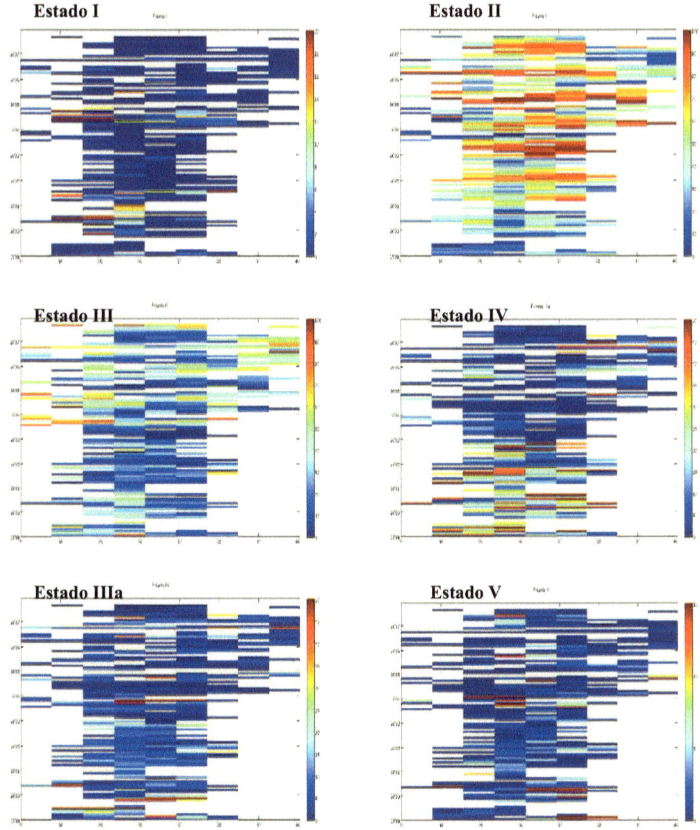

Figura 19.- Diagrama Hovmoller para la variabilidad mensual de los seis EMS (I, II, III, IV, IIIa y V, respectivamente) en Merluza común (1999 – 2007) entre los 33° S – 40° S.

5. Variabilidad del ciclo anual de los Estados de Madurez Sexual (EMS)

El establecimiento del ciclo anual de los estados de madurez sexual de merluza común en el área y período de estudio, se presenta en la Figura 20.

Se observa que para el EMS I, a pesar de que representó una baja frecuencia de la población, tendió a tener dos máximos, uno entre mayo – agosto y el otro más marcado entre octubre y diciembre, con valores sobre el 2 %. El EMS II, indicó una alta frecuencia de la población entre enero – junio (>50 %), la cual diminuye drásticamente hasta sólo llegar a un 20 % entre agosto – octubre, lo que concuerda con lo propuesto por (Balbontín & Fischer 1981, Cerna & Oyarzún 1998, Alarcón et al. 2004), que afirman que en este periodo la merluza común entra en la etapa de desove, por lo que los estados que presentarán la mayor frecuencia serán los EMS III y IV, que corresponden a aquellas hembras maduras en condición de desove. Durante el EMS III las máximas frecuencias se concentraron a lo largo de los meses de agosto y para el EMS IV en septiembre, concordantes a la dinámica e interacción que existe entre ambos. Para el EMS IIIa, aunque en menor frecuencia se apreció un desfase en el tiempo, relacionado con aquellas hembras que ya han desovado repetidamente durante la temporada, y terminaron el ciclo de ésta a fines de octubre, pasando posteriormente al EMS II, o bien, un muy bajo porcentaje al EMS V, el cual sólo alcanza el 2 % entre enero – abril y en menor grado agosto – noviembre, correspondiente a hembras en regresión.

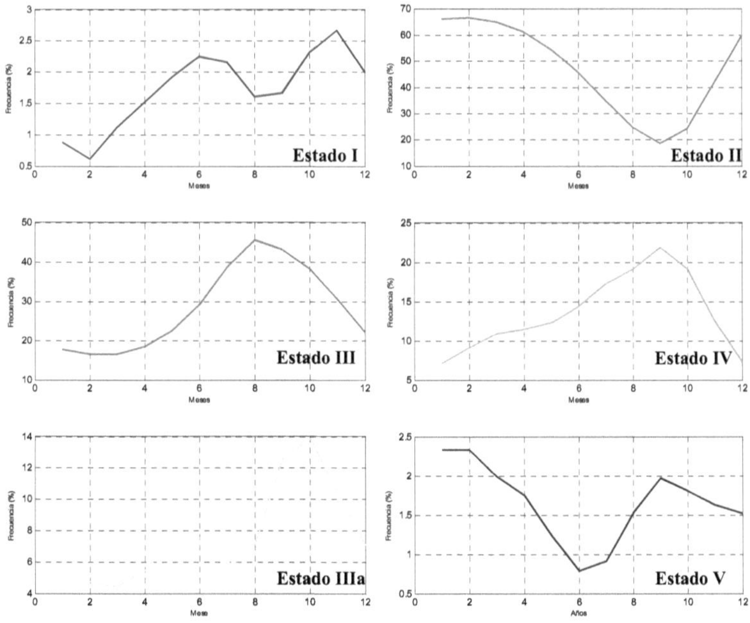

Figura 20.- Variabilidad del ciclo anual promedio de los estados de madurez sexual (EMS I –V) para merluza común (1999 – 2007) entre los 33° S y los 40° S.

6. Variabilidad interanual de la temperatura superficial de mar en la región El Niño 3.4

La variabilidad interanual de la temperatura superfical del mar (TSM) de la Región El Niño 3.4, cuyas fluctuaciones son causales de intensificación o disminución del flujo hacia el polo de las Aguas Ecuatoriales Subsuperficiales (AESS), en periodos de El Niño o La Niña respectivamente, dependen de diversas variables atmosféricas y oceánicas, que en su conjunto son denominadas como ENOS (El Niño – Oscilación del Sur.

Es por esto que al analizar la variabilidad interanual de las TSM de la región El Niño 3.4 entre 1999 y 2007 (Figura 21) y sus anomalías (Figura 22), los resultados revelaron para 1999 – 2001 un promedio de la TSM de 26° C, con anomalías de hasta -2° C el 2000. Posteriormente, se produce un marcado incremento de la TSM con anomalías positivas de + 2° C alcanzando su máximo a fines de 2002 de28.5° C, manteniendo anomalías positivas de +0.2° C hasta fines de 2005. Sin embargo esta tendencia, varió considerablemente en el año 2006 con anomalías negativas de -0,8° C, pasando a mediados de ese año a +1,3° C, perdurando las anomalías positivas hasta comienzos de 2007, donde la temperatura vuelve a decaer por debajo de los -1.5° C.

Este panorama tan variable de las TSM en la región El Niño 3.4, cuya señal se intensificó en variabilidad a partir de 2003, permite pensar en la existencia de una posible relación biofísica entre el ambiente y los diferentes EMS para merluza común en la región centro-sur de Chile, debido a que al observar las señales interanuales de los EMS, se puede apreciar un comportamiento en las anomalias, que es muy similar a las señales ambientales provenientes del ecuador.

7. Correlación entre EMS y Región de Niño 3.4

El análisis de los gráficos temporales de la TSM y sus anomalías (Figuras 21 y .22), correspondiente a la región El Niño 3.4, se apreció una alta relación con las variaciones interanuales del EMS II, cuyas fluctuaciones fueron similares a las de El Niño 3.4, con un desfase en tiempo de al menos 4 meses en que la señal proveniente del Ecuador llegue a la zona centro-sur de Chile y afecte los EMS de merluza común.

En virtud de lo anterior, los datos se analizaron a través de una correlación cruzada que permita visualizar cual de los seis EMS podría ajustarse de mejor manera a la señal ambiental remota proveniente de latitudes bajas.

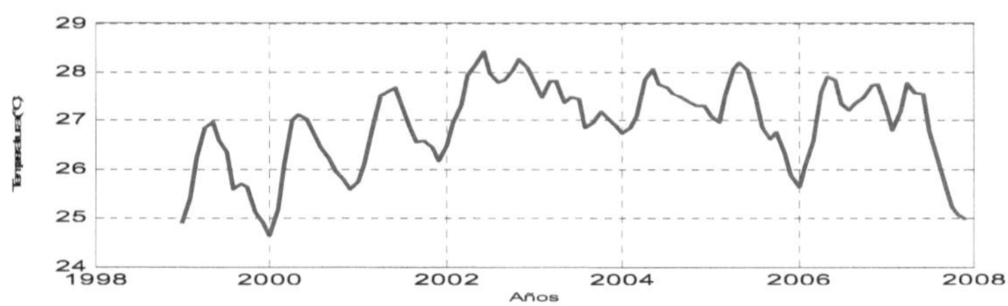

Figura 21.- Variabilidad interanual de la Temperatura Superficial de mar en la Región del Niño 3.4 entre enero de 1999 – diciembre de 2007.

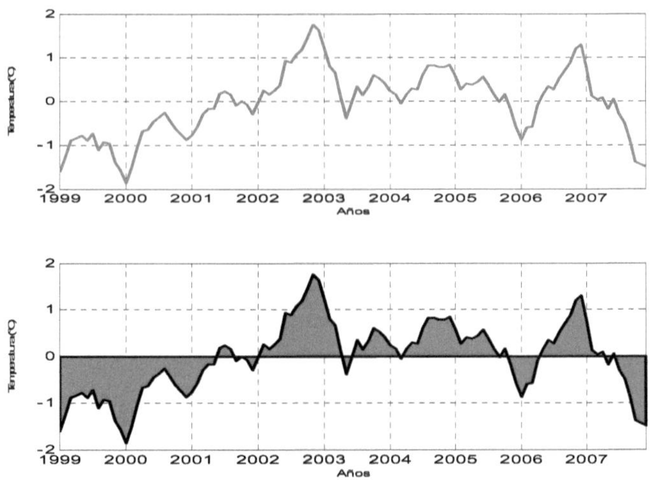

Figura 22.- Anomalía interanual de la Temperatura Superficial de mar en la Región del Niño 3.4 entre enero de 1999 – diciembre de 2007.

Correlación Cruzada:

Para examinar las tendencias de las señales de temperatura superficial del mar (TSM) de la región El Niño 3.4 y las de los seis EMS, se utilizo el análisis de correlación cruzada, el que relaciona cada EMS con la señal unica 1999 – 2007, de TSM El Niño 3.4, respectivamente.

Se les elimino la estacionalidad y la tendencia en el análisis estadístico. Es decir, se analizaron las anomalias mensuales de las variables con el objetivo de apreciar el grado de asociación de una serie con el desfase de la otra, obteniéndose de cada una de estas la significación del coeficiente de correlación R, el que nos indica, cual de los seis EMS, podría estar mas influenciado por la señal proveniente del ecuador, presentándose a continuación.

7.1. Anomalías EMS I / Anomalías Niño 3.4 (Fig.23)

Estadísticos	Valores
n	108
R	-0,376
R^2	0,141

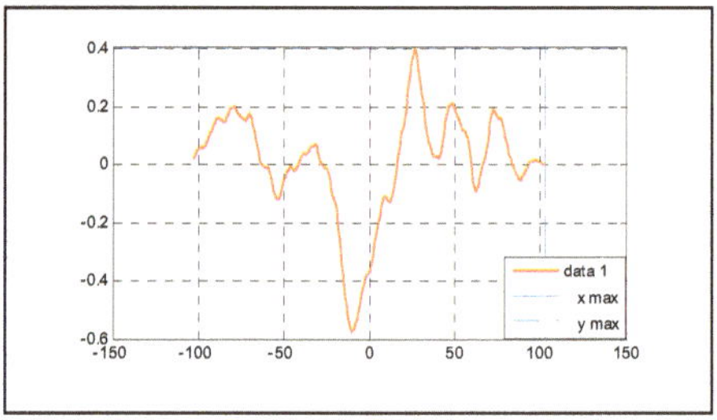

Figura 23.- Correlación cruzada de las anomalías EMS I / Niño 3.4 (1999 – 2007), la cual indica un valor R = -0,376, lo que muestra correlación negativa entre las series, con muy baja significancia, con un desfase de 10 meses.

7.2. Anomalías EMS II / Anomalías Niño 3.4 (Fig.24)

Estadísticos	Valores
n	108
R	0,649
R^2	0,421

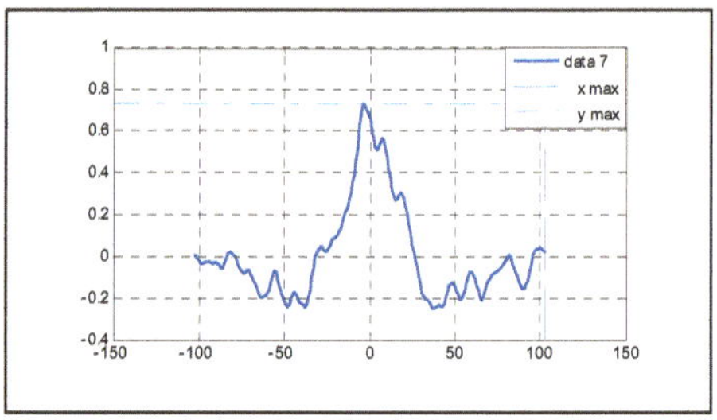

Figura 24.- Correlación cruzada de las anomalías EMS II / Niño 3.4 (1999 – 2007), la cual indica un valor R = 0,649, que muestra una correlación positiva entre las series, con alta significancia, el Y máx. indica el R estadístico, en relación a X máx. de 108 meses, indicando que existe un desfase de cinco meses entre las series.

7.3. Anomalías EMS III/ Anomalías Niño 3.4 (Fig.25)

Estadísticos	Valores
n	108
R	-0,367
R^2	0,134

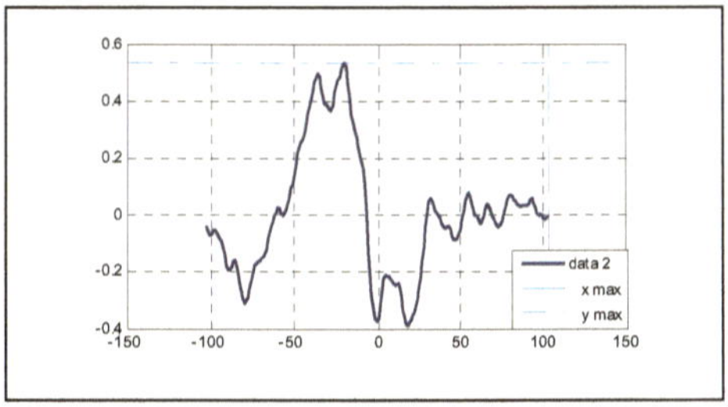

Figura 25.- Correlación cruzada de las anomalías EMS III / Niño 3.4 (1999 – 2007), la cual indica un valor R = -0,367, lo que demuestra una correlación negativa entre las series, con muy baja significancia, 25 meses de desfase.

7.4. Anomalías EMS IV / Anomalías Niño 3.4 (Fig.26)

Estadísticos	Valores
n	108
R	-0,402
R^2	0,161

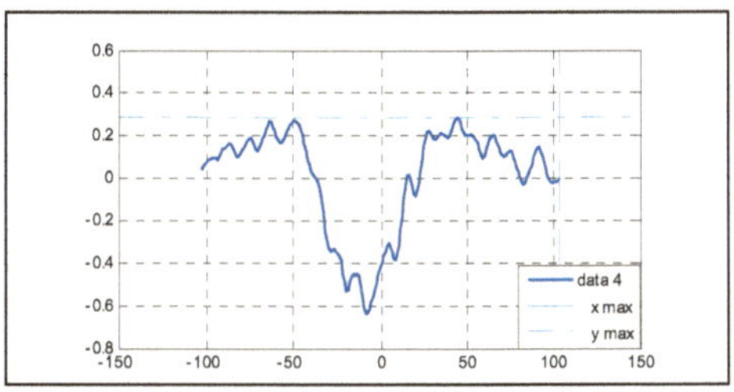

Figura 26.- Correlación cruzada de las anomalías EMS IV / Niño 3.4 (1999 – 2007), la cual señala un valor R = -0,402, lo que indica una correlación negativa entre las series, con muy baja significancia, 6 meses de desfase.

7.5. Anomalías EMS IIIa / Anomalías Niño 3.4 (Fig.27)

Estadísticos	Valores
n	108
R	0,292
R^2	0,085

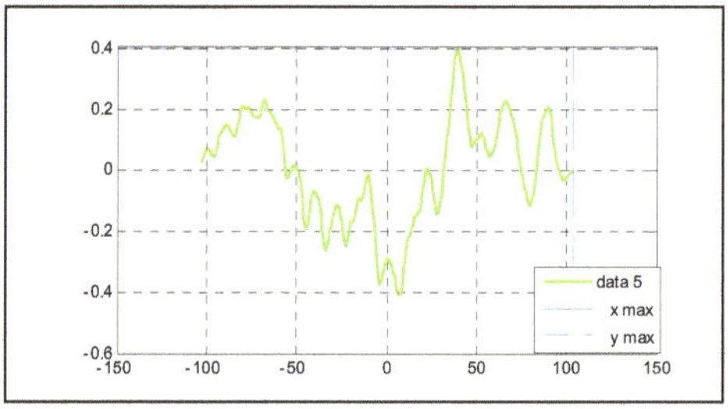

Figura 27.- Correlación cruzada de las anomalías EMS IIIa / Niño 3.4 (1999 – 2007), la cual permite ver un valor R = 0,292, lo que indica una correlación positiva entre las series, con baja significancia.

7.6. Anomalías EMS V/ Anomalías Niño 3.4 (Fig.28)

Estadísticos	Valores
n	108
R	-0,333
R^2	0,108

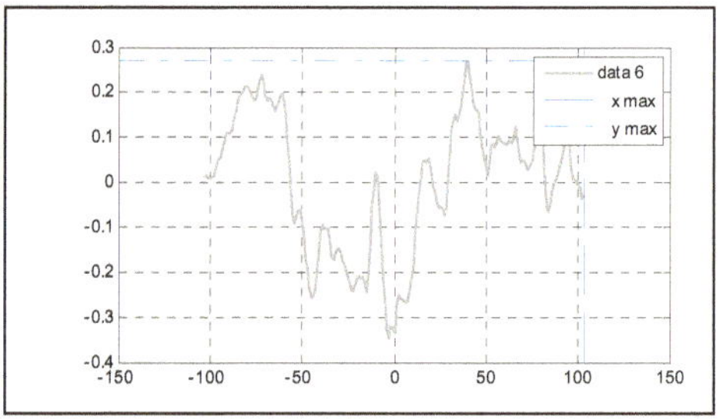

Figura 28.- Correlación cruzada de las anomalías EMS V / Niño 3.4 (1999 – 2007), la cual indica un valor R = -0,333, lo que señala una correlación negativa entre las series, con muy baja significancia, de 3 meses de desfase.

DISCUSIÓN

El objetivo de este trabajo consistió en caracterizar la variabilidad anual e interanual de los Estados de Madurez Sexual (EMS) de Merluza común y su relación con los cambios ambientales.

El primer objetivo de este estudio fue determinar la ubicación y distribución del recurso a lo largo de las zonas de pesca, tanto anual como interanualmente, determinando la variabilidad latitudinal de sus capturas, de lo cual se obtuvo principalmente, que para los primeros años 1999 hasta 2002, las zonas de pesca se encontraban concentradas en la zona norte entre los 33° y 37° Sur, con máximos de capturas en los 36° Sur, frente a las costas de la región del Bío Bío, intensificándose la pesca en verano (desde enero hasta marzo) y concentrándose entre otoño e invierno (abril – julio), ya que entre agosto y octubre ésta disminuye debido a que la Merluza entra en su etapa reproductiva (Balbontín & Fischer (1981), estableciéndose una veda biológica parcial.

Sin embargo, a partir de 2003 existió un cambio en la distribución y capturas del recurso, desplazándose a la zona sur entre los 37° - 38° Sur, con un mayor número de capturas entre los meses de febrero a agosto por sobre las 10.000 hembras sin contar a los machos. De aquí en adelante el recurso se desplaza hacia el sur alcanzando los 42°, concentrando su biomasa en los 38° Sur, teniendo un máximo muestreal de 6.237 hembras para mayo de 2005, concentrándose así la pesquería en los meses de febrero a junio, encontrándose, este mismo año, disgregada entre las latitudes 38° y 42° Sur respectivamente, presentando parches de abundancia, lo cual se extiende hasta fines de 2007.

Este marcado fenómeno en los cambios distribucionales y de abundancia, a partir de 2003, tiene directa relación con la disminución del Largo Total y Peso Total promedio de las capturas de Merluza común con una dramática disminución de la talla de más de 10 cm y más de 300 gr de peso. Esto deprime a la población, ya que sólo se dejan ejemplares juveniles, que están fuera de la talla mínima de captura, lo que explica en parte que la flota pesquera se haya movilizado al sur de los 37° Sur debido a que en la zona norte los ejemplares eran muy jóvenes. Esto concuerda con lo propuesto por Arancibia y Neira, (2006) respecto a la sobreestimación del tamaño del *stock*, para aquel año, a su vez también se atribuyen otros factores como son la alta predación de Merluza común por parte de la jibia (*Dosidicus gigas*) (Payá 2006) y un alto grado de canibalismo de la Merluza común (Jurado-Molina et al., 2006).

Cabe destacar que esta marcada disminución en las tallas medias a partir de 2004 no parece afectar los estados de madurez sexual en la Merluza común a lo largo de la serie de tiempo. Sin embargo, se pudo observar un predominio del Estado II con una frecuencia por sobre el 50% de la población, esto quiere decir, que la población a lo largo del año, se encuentra en este Estado, el cual, es más marcado a partir de 2001 manteniéndose constante hasta finales de 2007.

Al realizar un análisis de la señal anual se puede ver que el predominio de éste estado es sólo en lo meses de verano y otoño (febrero a junio), con una marcada disminución entre los meses de agosto y noviembre, lo cual corresponde a una variabilidad propia del ciclo anual. Esto se debe a que la proporción de hembras en Estado II entran en época de desove entre los meses de agosto y noviembre, por lo que entran en Estado III, pasando a un Estado IV y IIIa, los cuales van rotando a medida que van desovando, ya que una misma hembra puede desovar seis veces en una misma temporada, o sea, que una misma hembra madura (III), entra al estado de desovante (IV) una vez que bota parcialmente los ovocitos maduro. Así, entra al estado (IIIa) en maduración con desove reciente, lo que la prepara a madurar los ovocitos que aún no ha eliminado y desovará nuevamente en el transcurso de dos semanas.

Este ciclo se repite en promedio seis veces en los tres meses que dura la temporada de desove, lo que explica el aumento de frecuencia para los estados III, IV y IIIa, en la señal anual e interanual en los meses de agosto a octubre. Además esto demuestra la relación inversa que tienen los Estados III y IV en las series interanuales, ya que entre 1999 – 2002 se encontraba baja frecuencia del Estado III, por debajo del -20%, las hembras en estado IV se encontraban por sobre el 20% de frecuencia, lo que quiere decir, que para dichos años había una alta proporción de hembras listas para desovar, lo que también explica el *pick* anómalo del estado IIIa, el cual supera el 30% de la población para fines de 2003, debido a que esto corresponde a la alta proporción de hembras que se encontraban en maduración para otros desoves. Después de este proceso la población vuelve a la normalidad, entrando nuevamente en Estado II, así se mantiene relativamente constante hasta fines de 2007, donde parece venir otro suceso reproductivo.

Este gran desove que se debió haber ocasionado entre agosto a octubre de 2003, no debió tener sólo una explicación biológica en su causal, sino que también se asocian las fluctuaciones del ambiente ocasionadas por la presencia de un evento de El Niño de menor escala.

Las evidencias de éste se debiesen notar, primero, en el aumento de la distribución y dispersión de las capturas de Merluza común, hacia al sur de los 37° Sur a partir de 2003, por la entrada de aguas cálidas y desplazamientos de AESS hacia el sur, las cuales son el hábitat de la merluza común, segundo, el aumento en frecuencia del EMS II con su máximo durante 2003 y tercero aumento de frecuencias de desoves para el 2003.

Con esta evidencia se procede a leer la información de TSM, promedios y anomalías, provenientes de la Región del Niño 3.4. Éstas, al ser graficadas en sus anomalías, que en el fondo es lo que nos interesa, ya que es el contraste de los promedios para todos lo meses durante nueve años, nos entregaron variaciones más marcadas, lo que al comparar con los seis EMS, concuerda, según los gráficos directamente con el estado II, en la cual ambos gráficos presentan la misma tendencia.

Para corroborar esto se realizó una correlación cruzada entre las anomalías para cada EMS y se comparó con las anomalías provenientes de la Región del Niño 3.4, lo que nos arroja que sólo, para el estado II existe una correlación favorable de un Valor R = 0,64 y R^2 = 0,42, lo que es una fuerte evidencia a favor de la hipótesis planteada. Además, se debe considerar que la señal proveniente del Ecuador de la Región Niño 3.4, se propaga como ondas *Kelvin* y aporta una significativa variabilidad al sistema, que llega a la zona centro sur, pero que sin embargo tiene un desfase de al menos cinco meses.

Debido a esto, a pesar que existió una fuerte correlación entre las fluctuaciones ambientales y la variabilidad en los Estados reproductivos de la Merluza, poniendo énfasis en el estado II, es necesario seguir observando la relación que presentan las señales de baja frecuencia en un largo periodo (anual e interanual), así como la alta frecuencia, es decir aquellas que ocurren en un corto periodo de tiempo, ya que debido a la dinámica propia que presenta la región El Niño 3.4 y el desfase en tiempo en que esta señal ecuatorial llega a las costas de Chile, existen variados factores locales, que pueden llevar a que la Merluza responda en mayor o menor medida a las fluctuaciones del ambiente.

CONCLUSIONES

De un total de 162.197 hembras de Merluza común muestreadas utilizadas en el análisis a partir de enero de 1999 hasta diciembre 2007:

- La disminución drástica de la población adulta de Merluza común entre el 2003 – 2004, a partir de las tallas medias, generó una población con alta proporción de juveniles.

- Producto de la disminución en la talla media en las hembras de Merluza común a partir del año 2004, se pueden encontrar juveniles dentro de la fracción desovante

- Los estados de madurez sexual, son influenciados directamente por las fluctuaciones anuales e interanuales de las Aguas Ecuatoriales Subsuperficales (AESS), con el aporte de variabilidad proveniente de la Región del Niño 3.4.

- El monitoreo constante de las variaciones de los EMS especialmente el estado II, permitiría adelantarse a cambios en el ambiente, asociados a eventos ENOS.

BIBLIOGRAFIA

Aguayo, M. 1996. Biology and fisheries of Chilean hakes (***M. gayi*** *and* ***M. australis***) En: Jürgen Alheit y Tony Pitcher (ed). Hake: Biology, fisheries and market. Chapman & Hall, London.

Aguayo, M. y H. Robotham. 1984. Dinámica poblacional de merluza común *(**Merluccius gayi gayi**)* Gadiformes-Merluccidae. *Invest. Pesq. (Chile)* 31, 17- 45. (En Spanish, with English abstract.)

Aguayo, M. y Young, Z. 1982. Determinación de los factores que han incidido en los cambios de la abundancia del recurso merluza común (***Merluccius gayi gayi***) en el periodo 1968-1981. Inf. Cient-Téc. Inst. Fom. Pesq. Chile, 79 pp.

Alarcón, C., L. Cubillos y C. Oyarzún. 2004. Influencia del tamaño de la hembra en la duración e intensidad de la actividad reproductiva de ***Merluccius gayi*** gayi en la zona centro-sur de Chile. Invest. Mar., Valparaíso, 32(2): 59-69.

Alarcón, R y H. Arancibia.1993 Talla de primera madurez sexual y fecundidad parcial en la merluza común, ***Merluccius gayi gayi*** (Guichenot, 1848), Ciencia y Tecnología del Mar (CONA) 16: 31-45.

Balbontín F. y W. Fischer. 1981. Ciclo sexual y fecundidad de la merluza, ***Merluccius gayi gayi***, en la costa de Chile. Rev. Biol. Mar. Inst. Oceanol. Univ. Valparaíso. 17(3): 285-334.

Balbontín, F. y R. Bravo. 1993. Fecundidad, talla de la primera madurez sexual y datos biométricos en la merluza del sur ***Merluccius australis***. Rev. Biol. Mar., Valparaíso 28:111- 132.

Balbontín, F. y R. Bravo. 2001. Indice gonadosomático, estadios de madurez macroscópicos, ojiva de madurez y fecundidad de merluza común. En: Lillo, S. ***et al.*** Evaluación hidroacústica de merluza común, 2001. informe Final proyectoFIP 2001-18.

Bernal, R., F. Balbontín y O. Rojas. 1997. Patrones de distribución de huevos y larvas de ***Merluccius gayi gayi*** de la costa de Chile y factores ambientales asociados. Revista de Biología Marina y Oceanografía, 32(1): 45-66.

Bernal, P, F. Balbontín y O. Rojas. 1994. Patrones de distribución de huevos y larvas de *Merluccius gayi gayi* en la costa de Chile y factores ambientales asociados. Revista de Biología marina y Oceanografía 32(1):45-66, agosto de 1997. Instituto de Oceanología, Universidad de Valparaíso.

Cerna, F. y C. Oyarzún. 1998. Talla de primera madurez sexual y fecundidad parcial en la merluza común (***Merluccius gayi***, Guichenot 1848) del área de la pesquería industrial de Talcahuano, Chile. Investigaciones Marinas 26: 31- 40.

Cubillos, L., Arancibia, H. 1992. Evaluación del recurso merluza común (***Merluccius gayi gayi***) de la zona centro sur de Chile por análisis de reducción de stock. En: Biología Pesquera 21: 13-19.

Cubillos, L., Chr. Ibáñez, C. González y A. Sepúlveda. 2004. Pesca de investigación: Pesca de jibias (*Dosidicus gigas*) con red de cerco entre la V y X Regiones, año 2003. Instituto de Investigación Pesquera Octava Región.

Chong, J., C. Oyarzún, R. Galleguillos, E. Tarifeño, R. Sepúlveda y Chr. Ibáñez. 2005. Parámetros biológicos-pesqueros de la jibia, *Dosidicus gigas* (Orbigny, 1835) (Cephalopoda: Ommastrephidae), frente a la costa de Chile Central (29° - 40° S) durante 1993-1994. Gayana 69(2): 319-328.

Espino, M., Castillo, R., Fernández, F. 1996. Biology and fisheries of Peruvian hake (*M. gayi peruanus*). En: Jürgen Alheit and Tony J. Pitcher (ed.) Hake: Biology, fisheries and markets. Chapman y Hall, London

Espino, M., Wosnitza-Mendo, C. 1989. Relación entre las poblaciones de merluza (*Merluccius gayi peruanus*) y anchoveta (*Engraulis rinqens*). En R. Jordán R. Kelly, O. Mora, A. Ch. de Vildoso and N. Henriquez (eds). Simposio Internacional Sobre

Recursos Vivos y Pesquerías en el Pacifico Sudeste. (CPPS), *Rev. Pacifico Sur* (Número especial), 235-239.

Galleguillos R, L Troncoso & C Oyarzún (1999) Parentesco evolutivo en las merluzas del Pacifico sur *Merluccius gayi, Merluccius australis* y *Merluccius hubbsi* (Pises: Meluccidae). Revista Chilena de Historia Natural 72: 315-324.

Gálvez, P. 2006. Indicadores biológico -pesqueros de merluza común (M*erluccius gayi, G*uichenot 1848), obtenidos de la flota industrial. http:/www.Subpesca.cl/indicadores flota industrial (P Galvez).pdf.

Gálvez, M., H. Rebolledo, C. Cuevas. 1999. Determinación de áreas y períodos de reclutamiento. En: Dinámica espacial y batimétrica del stock de merluza común en relación a su ciclo de vida en la zona centro-sur. IT/FIP 97/21.

Gatica, C. y L. Cubillos. 2004. Análisis talla-estructurado de los cambios de abundancia *en Merluccius gayi gayi* entre 1992 y 2000. Investig. mar., 2004, vol.32(1): 71-87.

INPESCA, 2006. Informe de Avance: Biología Reproductiva de Merluza Común. Instituto de Investigación Pesquera. Octava Región S.A. Fip 2006-16.117 pp.

Landaeta, M. 2007. Efecto parental en la variabilidad estacional de las características del desove de merluza común frente a Chile Central. Tesis Doctorado en Oceanografía. Escuela de Graduados. Universidad de Concepción.

Lillo, S., J. Córdova, M. Rojas, V. Ojeda, J. Olivares, R. Tascheri, M. Braun, S. Núñez y J. Ortiz. 2001. Evaluación hidroacústica del recurso merluza común en la zona centro-sur, 2000. Informe final proyecto FIP 2000-04. http:/fip.cl/proyectos/2000/IT 2000-04

Lillo, S., J. Olivares, M. Braun, E. Díaz, S. Núñez, A. Saavedra, J. Saavedra y R. Tascheri. 2005. Evaluación hidroacústica de merluza común, año 2004. Informe final proyecto FIP 2004-09.

Lillo, S., R. Rojas, R. Tascheri, V. Ojeda, J. Olivares, F. Balbontín, R. Bravo, S. Nuñez, M. Braun, J. Ortiz, P. Torres, F. Véjar, L. Cubillos y A. Saavedra. 2003. Evaluación hidroacústica del recurso merluza común en la zona centrosur, 2002. Informe final proyecto FIP 2002-03. /http/fip.cl/proyectos/2002/IT 2002-03.

Lillo, S., S. Nuñez, V. Ojeda, F. Balbontín, M. Braun, R. Tascheri, A. Saavedra, R. Bravo, L. Cubillos y J. Olivares. 2002. Evaluación hidroacústica del recurso merluza común en la zona centro-sur, 2001. Informe final proyecto FIP 2001-18. http/fip.cl/proyectos/2001/IT 2001-18

Lillo, S., J. Olivares, M. Braun, S. Nuñez, A. Saavedra, J. Saavedra y E. Molina. 2006. Evaluaciones hidroacústicas de merluza común, 2005. Informe final proyecto FIP 2005-05. http/fip.cl/proyectos/2005/IT 2005-05.

MacLennan, D. 2000. Fuerza de blanco de *Merluccius gayi peruanus:* Una revisión del experimento de Johannesson y Vilchez. Inf. Inst. Mar.Peru nº 151.

Navarro, E., Schneider, W. and Letelier, J. 2006. Estimación de transporte costaocéano frente a Chile centro-sur por medio del Método de Máxima Correlación Cruzada Sobre Imágenes SST. Congreso de Ciencias del mar, Iquique.

Núñez, S, J. Ortiz, P. Torres y L. Cubillos. 2006. Capítulo: Oceanografía física. *En*: Proyecto FIP 2005-05. Evaluaciones hidroacústicas del recurso merluza común en la zona centro-sur, Año 2005. 100 p.

Núnez, S., L. Cubillos, D. Arcos, A. Urrutia, R. Quiñones y M. Braun (1997). Condiciones oceanográficas que inciden en el reclutamiento de los recursos anchoveta y sardina común en la Octava Región. Proyecto FIP 95-11, 405 p + Anexos.

Ojeda, F. P., Labra, F. A y Muñoz, A. 2000. Biogeographic patterns of Chilean littoral fishes. *Rev. Chil. Hist. Nat.*, Dec. 2000, Vol.73, no.4, p.625-641. ISSN 0716-078X.

Payá , I. S, Mora, H. Pool, H. Miranda, J. Ortega, R. Saldías. 1996. Cuantificación del reclutamiento de merluza común en la zona centro sur.1996. F.I.P. 94-21. Instituto de Fomento Pesquero. 28 p.

Payá, I. 1997. Evaluación de stock y modelos de reclutamiento y éxito reproductivo. En: Dinámica del stock de merluza común y su relación con el medio ambiente. Informe final de investigación para el Consejo de Investigación Pesquera. Proyecto FIP 1995-21.

Rebolledo, H. 2006. Estadística e indicadores operacionales y biológico pesqueros de la pesquería de la merluza común. Flota industrial. http/Subpesca.cl/indicadores flota industrial (H rebolledo).pdf.

Sepúlveda, A. 1997. Series ambientales y modelos de distribución del stock. En: Dinámica del stock de merluza común y su relación con el medio ambiente. Proyecto FIP96-28. Fondo de Investigación Pesquera., IT/FIP96-28.

SERNAPESCA. 2006. Anuarios estadístico de pesca, 1990-2005 Servicio Nacional de Pesca, 140 pp.

SUBPESCA, 2007. Informe sectorial pesquero y acuícola. http://www.subpesca.cl/documentos/info_sect/.

Tascheri, R., J. Sateler, V. Ojeda, J. Olivares, R. Vega, R. Wiff, M. Montecinos, L. Cid, J. Merino, J. González, C. Toledo y E. Palta. 2004. Programa de Seguimiento del Estado de Situación de las Principales Pesquerías Nacionales. Investigación Estado de Situación Pesquería Demersal Zona Centro - Sur, 2003. Informe final a SUBPESCA.

Tascheri, R., J. Sateler, J. Merino, J. González, V. Ojeda y J. Olivares. 2002. Programa de seguimiento de las principales pesquerías nacionales 2001, Pesquería Demersal Zona Centro Sur. Informe Final SUBPESCA-IFOP.

Vargas, C. y L. Castro. 2001. Spawning of the Chilean hake (*Merluccius gayi*) in the upwelling system off Talcahuano in relation to oceanographic features. Sci. Mar., 65(2): 101 – 110.

Yáñez, E., Pizarro, L., Alberti, M. 1985. Dinámica del stock de merluza común (*Merluccius gayi,* Guichenot 1848) explotado en la zona central de Chile entre 1960 y 1982. En: "Estudios en pesquerías chilenas", T. Melo (Ed.), Escuela de Ciencias del Mar, UCV, Valpo:67-74.